Precious Appreciation

行家宝鉴

寿山石之 善伯石 月尾石

王一帆 著

海峡出版发行集团
THE STRAITS PUBLISHING & DISTRIBUTING GROUP
福建美术出版社
FUJIAN FINE ARTS PUBLISHING HOUSE

图书在版编目（CIP）数据

寿山石之善伯石　月尾石 / 王一帆著 . -- 福州 : 福建美术出版社, 2015.6

（行家宝鉴）

ISBN 978-7-5393-3362-5

Ⅰ. ①寿… Ⅱ. ①王… Ⅲ. ①寿山石 – 鉴赏②寿山石 – 收藏

Ⅳ. ① TS933.21 ② G894

中国版本图书馆 CIP 数据核字 (2015) 第 144983 号

作　　者：王一帆

责任编辑：郑婧

寿山石之善伯石 月尾石

出版发行：海峡出版发行集团

　　　　　福建美术出版社

社　　址：福州市东水路 76 号 16 层

邮　　编：350001

网　　址：http://www.fjmscbs.com

服务热线：0591-87620820（发行部）　87533718（总编办）

经　　销：福建新华发行集团有限责任公司

印　　刷：福州万紫千红印刷有限公司

开　　本：787 毫米 ×1092 毫米　　1/16

印　　张：5.5

版　　次：2015 年 8 月第 1 版第 1 次印刷

书　　号：ISBN 978-7-5393-3362-5

定　　价：58.00 元

编者的话

这是一套有趣的丛书。翻开书，丰富的专业知识让您即刻爱上收藏；寥寥数语，让您顿悟收藏诀窍。那些收藏行业不能说的秘密，尽在于此。

我国自古以来便钟爱收藏，上至达官显贵，下至平民百姓，在衣食无忧之余，皆将收藏当作怡情养性之趣。娇艳欲滴的翡翠、精工细作的木雕、天生丽质的寿山石、晶莹奇巧的琥珀、神圣高洁的佛珠……这些藏品无一不包含着博大精深的文化，值得我们去了解、探寻和研究。

本丛书是一套为广大藏友精心策划与编辑的普及类收藏读物，除了各种收藏门类的基础知识，更有您所关心的市场状况、价值评估、藏品分类与鉴别以及买卖投资的实战经验等内容。

喜爱收藏的您也许还在为藏品的真伪忐忑不安，为藏品的价值暗自揣测；又或许您想要更多地了解收藏的历史渊源，探秘收藏的趣闻轶事，希望这套书能够给您满意的答案。

寿山石之善伯石　月尾石

目录

005 _ 寿山石选购指南

006 _ 善伯石 月尾石珍品赏

015 _ 第一节｜善伯石的开采

019 _ 第二节｜善伯石的品种

059 _ 第三节｜善伯石的特征与鉴别

066 _ 第四节｜善伯石的保养

068 _ 第五节｜月尾石

077 _ 第六节｜善伯山临近山脉出产的石种

寿山石选购指南

寿山石的品种琳琅满目，大约有 100 多种，石之名称也丰富多彩，有的以产地命名，有的以坑洞命名，也有的按石质、色相命名。依传统习惯，一般将寿山石分为田坑、水坑、山坑三大类。

寿山石品类多，各时期产石亦有所不同，对于其品种之鉴别，须极有细心与耐心，而且要长期多观察与积累经验。广博其见闻，比较分析其肌理、石性等特质。比如，同样是白色透明石，含红色点的称"桃花冻"，而它又有水坑与山坑之别，其红点之色泽、粗细、疏密与石性之变化又各有不同，极其微妙。恰恰是这种微妙给人带来乐趣，让众多爱石者痴迷。

正因为寿山石品类多，变化大，所以石种品类的优劣悬殊也大，其价值也有天壤之别。因此对于品种及石质之辨别极为重要。

石 性	质 地	色 彩	奇 特	品 相
识别寿山石的优劣、价值，不外石性、质地、色泽、品相、奇特等方面。有人说，寿山石像红酒，也讲出产年份。一般来讲，老坑石石性稳定，即使不保养，它也不会有像新性石因水分蒸发而发干并出现格裂的现象，所以老性石的价格比新性石高。	细腻温嫩、通灵少格、纯净有光泽者为上。	以鲜艳夺目、华丽动人者为上，单色的以纯净为佳。	纹理天然多变，以奇异为妙。	石材厚度宜适中，切忌太厚，以少格裂为好。

当然，每个人在收集、购买寿山石时，都会带有自己的想法和选择：有的单纯是为了观赏，有的是为了保值增值而做的投资，有的甚至只为了满足猎奇的心理，或者兼而有之，各人都有自己的道理。但购买时要懂得一些寿山石的常识，不要人云亦云、跟风或者贪图小便宜。世上没有无缘无故的便宜货，天上不会掉下馅饼，卖家总是心知肚明，买家需要的则是眼力。如果什么都不懂就胡乱购买一通，那就可能如人说的"一买就受伤，当个冤大头"。

寿山石是不可再生资源，随着时间的推移，一定会越来越珍贵。所以每个爱石者若以自己个人的爱好和经济能力收藏寿山石，一定是件愉悦的事，既可以带来美的享受，又能有只升不跌的受益，何乐而不为呢！

祝寿图 · 林元康 作

善伯石

鳌鱼章 · 周尚均（清）作
艾叶绿月尾石

花篮 · 冯久和 作

善伯石

硕果·庄圣海 作
脱蛋李红善伯石

兄弟情深 · 林发述 作

老性善伯石

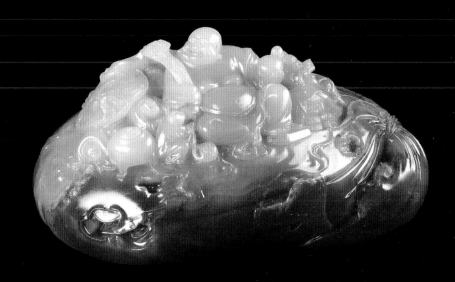

笑迎天下　福满人间 · 刘丹明（石丹）作
老性金砂地善伯石

铁拐李 · 林元康 作

善伯石

渔翁·叶子贤 作

善伯晶石

达摩 · 林元康 作
善伯石

第一节

善伯石的开采

　　善伯洞石又名"仙八洞石"或"仙伯洞石"，属于山坑石的一个品类。矿区位于寿山村东面约一公里临近月尾山的山岗中，与都成坑矿区隔溪相望，这里树木郁葱，景色秀美。

　　相传清代咸丰、同治年间，寿山村来个外地男子，单名叫善。此人虽名善却不行善，好吃懒做，偷鸡摸狗，村民讨厌他，不让他进村。善只好到处流浪，吃了不少苦头，也懂得了做人的道理，浪子回头，重新做人。从此自食其力，在月尾山中搭了个草寮，开荒种田，农闲时还会帮石农开矿采石，学到了开采寿山石的技术，也时常到山中寻找矿苗。终于在与月尾峰相邻的山中发现了矿脉，就一个人默默地凿洞开采，不久就出产了一批质地与色泽上乘的寿山石。此时善的年纪已老了，人们就称他为"善伯"。后来矿洞塌方，此后少人开挖，所以传世的善伯洞石旧品十分罕见。1922 年，寿山石农黄其恩、黄其孝结伴在此洞采掘取石，为了纪念"善伯"，便称此处出产的寿山石为善伯洞石。村里传说善伯得道成仙，所以又有"仙伯洞"之称。

童子拜观音 · 姜海清 作
老性善伯石

　　善伯洞近百年来经历了三四次大开采，每个时期产出的石质皆不相同，按质地可分为老性善伯洞石、脱蛋善伯洞石、新性善伯洞石、掘性善伯洞石、善伯尾石等，质地明净者为上品。

　　历史上开采善伯洞石的规模都很小，石农多在农闲时开采，产量很少。上世纪70年代末至80年代初，随着海内外"寿山石热"的兴起，石农才花大力开采，出产了一批体积不大但质地上乘的善伯洞石，其质地坚如都成坑石，色丰富，金石书画家陈子奋喻其为："红如桃花，黄如蜜蜡，灰如秋梨，白如水晶，青如鸡冠，紫如茄皮，种种皆备。"将石材置于阳光或灯光下观察，可发现石的肌理中隐有细小的金砂点，闪烁耀眼而饶有韵味，俗称"金砂地"，又称"金银地"。这个时期出产的善伯洞石石质与色泽最好，石农称之为老性善伯洞石。

在开采老性善伯洞石时，石农发现有些卵状矿脉，或夹在围岩中，或散落在矿洞的附近，有洞产"窝泡"与掘性独石之分。这种卵形善伯石的外表与内层的色泽不同，有"银裹金"，即皮层白色、内部黄色者；有"金裹银"，即外层黄红色、内部白色者。还有外绿内红或黄者，其外层石的透明度较强，往往能透出内层的蛋黄之色，所以石农称之"脱蛋善伯洞石"。这种石材块度不大，质地十分脂润细腻，肌理多隐有金砂点，偶有"花生糕"。掘性脱蛋独石的成因是次生矿型，因长期埋藏于泥土层或砂砾泥沙层中，受雨水的滋润，外表有被砂土侵蚀氧化的痕迹，常挂有黄色或白色石皮。

20 世纪 80 年代后期，善伯洞又陆续出石，石材块头虽较老性善伯洞大，但质地与色泽都稍显逊色，没了老性善伯洞的金砂地特征，而且格纹较多，跟围岩层接近的石表面时有小"蛀洞"，肌理还隐有白色浑点及色斑块。为了与老性善伯区别，石农称之"新性善伯洞石"。由于新性善伯洞石质松多格，石农与商贾多会用油涂养，石材会好看许多，所以又称"油性善伯洞石"。

老性善伯矿洞原貌，现洞口已被封住

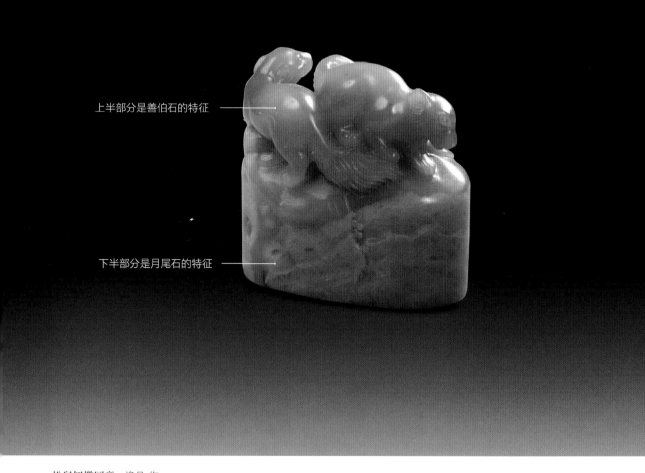

上半部分是善伯石的特征

下半部分是月尾石的特征

松鼠钮椭圆章 · 逸凡 作
善伯尾石

1989 年石农黄光胜与人合股，从善伯老洞往月尾石矿方向采掘，继之黄光通、黄老侯、王忠相、黄日贵等也合股凿洞开采。1991 年开始大量出石，因产于善伯洞与月尾洞两坡之间的山坳，所以称之"善伯尾石"，亦有称"月尾善石"。其石质与色泽界于善伯石与月尾石之间，石细嫩半透明，质稍绵软，色泽以浅绿中泛微红者为多见，尚有黄、红、白、青、黑等色，微带绿意。矿洞愈近月尾矿脉，所出之石的绿味愈浓，石中间杂有"花生糕"与小黑点，无金砂地。这个矿脉不但产量多，而且块度也较大，只是与善伯洞各石相比，晶莹不足、光泽稍逊、色彩较淡。质优的较少，粗质的较多。后来善伯尾矿洞又出了一批新石，具有善伯洞石的黄光泽、带绿味、半透明，特别是肌理中透出如水草一样的纹样，很特别。

第二节

善伯石的品种

　　善伯洞石虽属都成坑余脉，但与都成坑石迥然不同，特征很明显，质地晶莹脂润，性坚、蜡质感强，半透明或微透明，富有光泽。老性善伯洞石中有金砂点，有的石中有粉白色的斑点，俗称"花生糕"。外观特征乍一看与"尼姑楼"、"迷翠寮"相似，但通灵往往过之。善伯洞石的质地微坚而又带有韧性，所以雕凿坯时比较吃力，修光时刀下石粉较其它洞出产的寿山石的石粉颗粒大。

　　善伯洞石的色泽丰富多彩，以红、黄、青、灰、紫、绿、白色为主，单色者少，多为两种或多色交融，色有色块、色线、间杂色等，色界分明。按色相可分为黄善伯、红善伯、李红善伯、白善伯、红黄善伯、灰善伯、绿善伯等。质地上还有通灵与不通灵之分，黄色有淡黄、金黄、深黄、土黄等色，最珍贵的金黄色善伯洞石酷似田黄石，但善伯洞石因其石呈隐晶质结构，所以肌理常见金属砂点及小角斑块斑点花生糕特征，此乃田黄石所无。

和合二仙 · 郭卓怀 作
白善伯石

按色泽分类：

白善伯石：

有乳白、灰白、粉白等色。质地细腻者与芙蓉石十分相似，可与白玉媲美，纯洁无暇者难得。

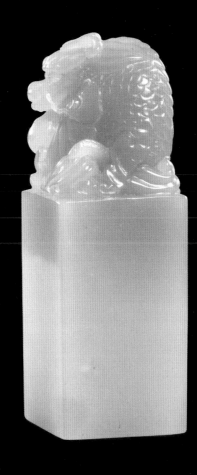

鳌龙

白善伯石

读书最乐 · 逸凡 作
白善伯石

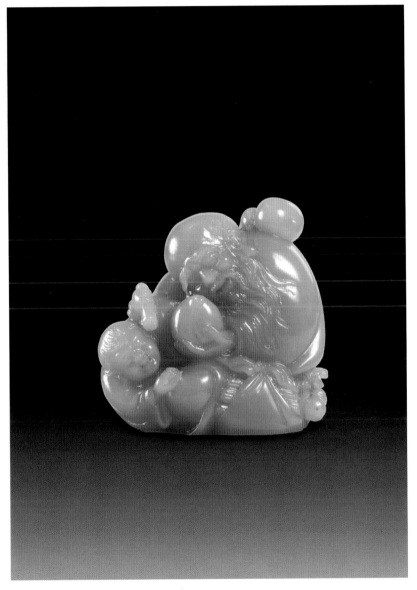

天伦之乐 · 叶子贤 作
黄善伯石

黄善伯石：

善伯洞石以黄色居多，有中黄、深黄、枇杷黄等。其中橘皮黄者极似田黄石，然石中多有如花生糕的粉白点，且温润也逊于田黄石，故仍可识别。

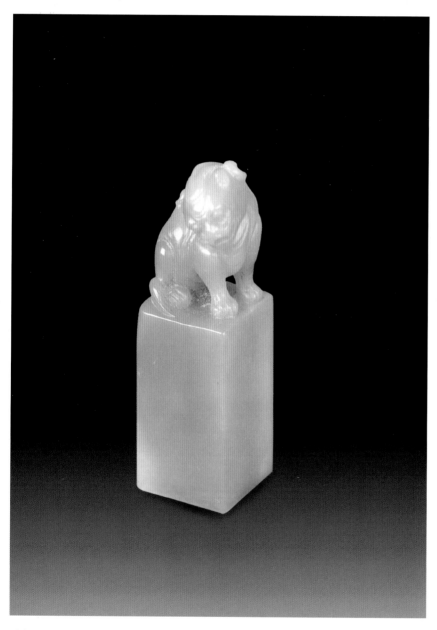

螭虎

黄善伯石

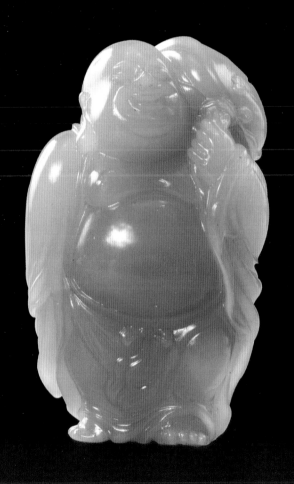

布袋弥 · 王孝前 作

黄善伯石

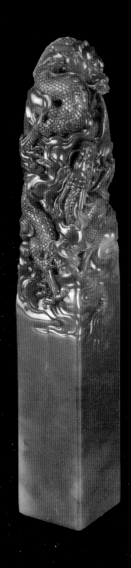

苍龙教子·刘丹明（石丹）作
金砂地善伯石

岁朝清供·林文举 作
李红善伯石

红善伯石：

色有粉红、大红、丹红、朱红、李红、紫红等色，色泽有浓烈与浅淡之别，浓者如鸡冠，艳丽者如红蜡，淡者朱砂点点好似桃花初绽，很是迷人。质温柔、细腻、微透明、光泽度好。

仕女·逸凡 作
紫红善伯石

和合二圣·叶子贤 作
李红善伯石

　　李红善伯石的红色块一般包裹在白色或淡绿色之中，周围的白色或浅绿色越纯者，红色部分质地愈佳。

沉思罗汉·逸凡 作
李红善伯石

和靖咏梅 · 林大榕 作
巧色善伯石

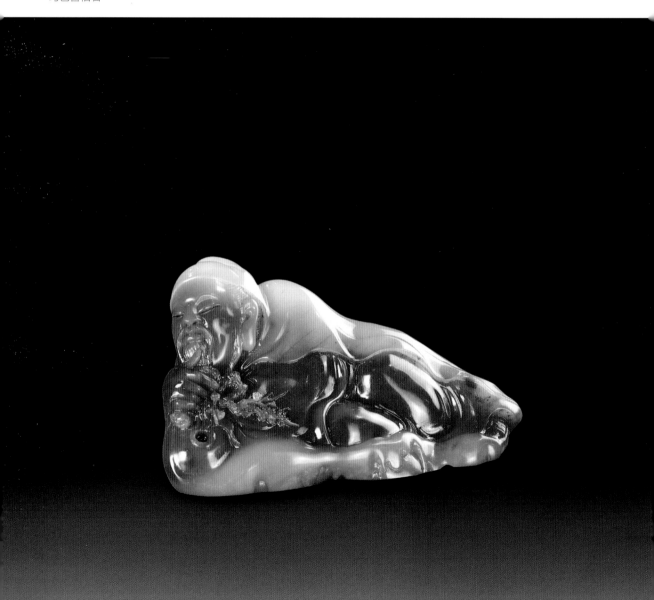

巫山神女 · 石秀 作

巧色善伯石

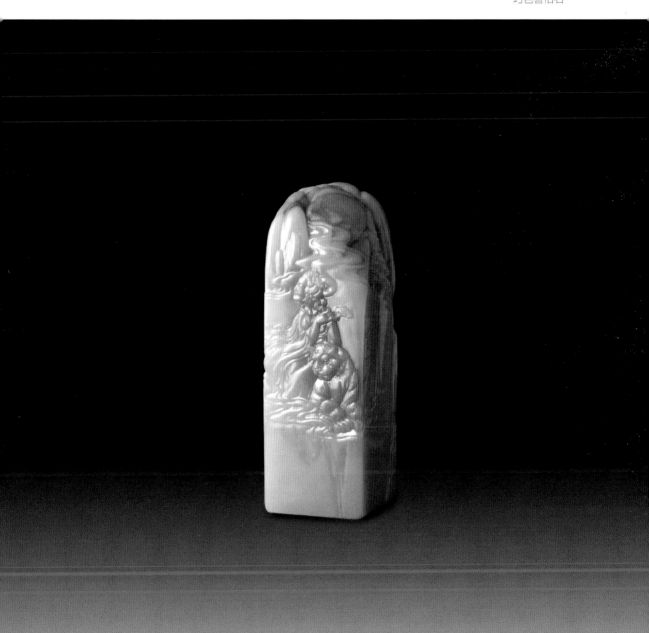

童子 · 陈益晶 作
巧色善伯石

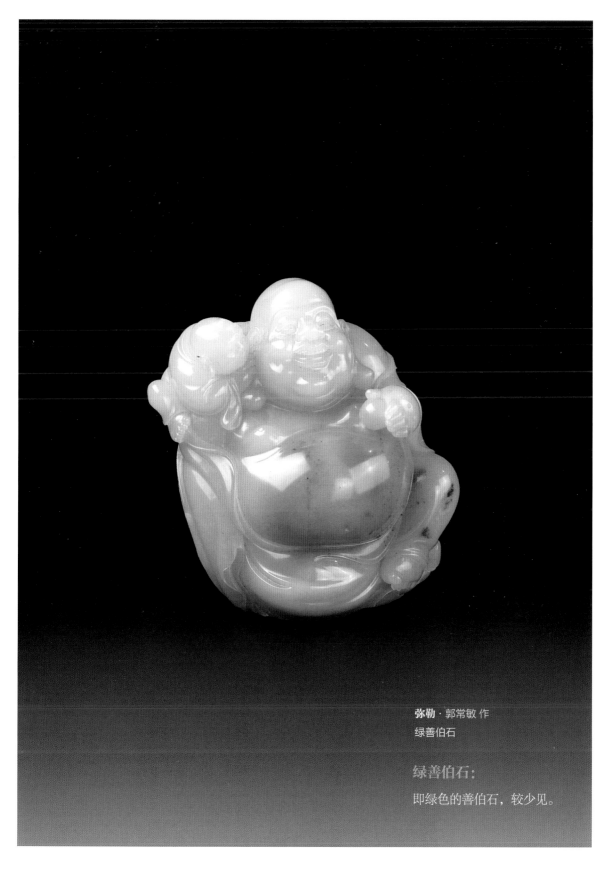

弥勒·郭常敏 作
绿善伯石

绿善伯石:
即绿色的善伯石,较少见。

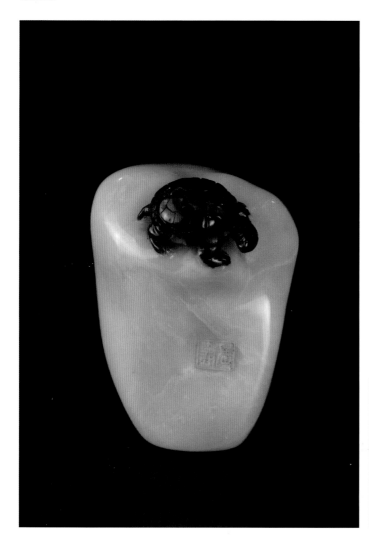

长寿（龟）·叶子 作
善伯石

紫善伯石：

即紫色的善伯石，其紫色有如茄子之皮。

灰善伯石素章

灰善伯石：

即灰色的善伯石，较少见，前人形容其如秋梨，可见其石质之细润。

龙马负图钮方章·陈祖震 作
五彩善伯石

五彩善伯石：

即兼具红、黄、白、紫、绿等色的善伯洞石。

此外善伯洞石还有淡绿、淡青、青、青灰、黑等色。藏家品论善伯洞石：其色以蜜黄质细
嫩者为贵，红如丹枣者为罕，灰如秋梨者为宝，白以质纯洁如玉者为佳，黑如泼墨浓淡变化为奇。

五彩善伯石素章

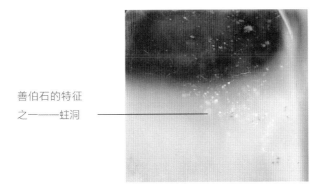

善伯石的特征
之———蛀洞

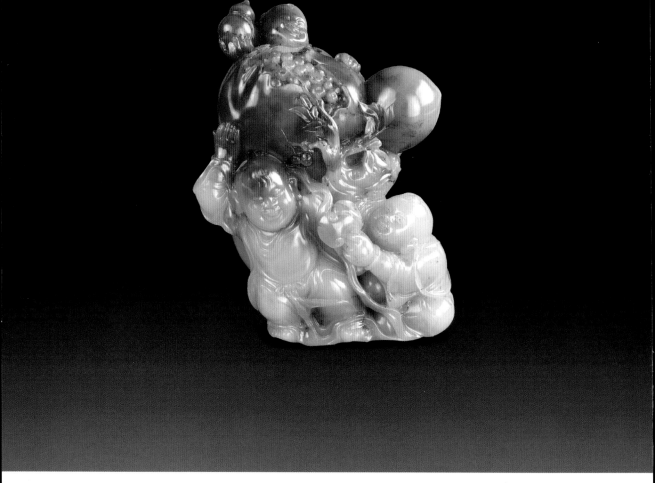

榴开百子 · 刘丹明（石丹）作
老性善伯石

按质地不同可分为：

老性善伯洞石、脱蛋善伯洞石、新性善伯洞石、掘性善伯洞石、善伯尾

石、善伯晶石等。

铁拐李·林元康 作
老性善伯石

老性善伯石：

上世纪70年代至80年代初出产的善伯洞石。多体积大而质地上乘，其质地坚如都成坑石，色丰富。

弥勒 · 叶子贤 作
老性善伯石

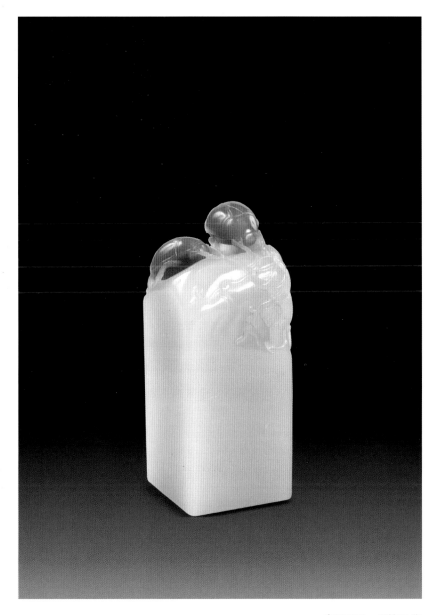

富甲天下 · 潘惊石 作
老性善伯石

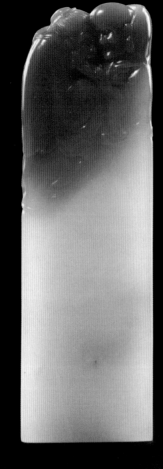

亲密无间 · 刘东 作

老性善伯石

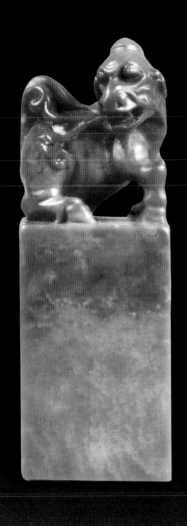

龙马钮方章·陈为新 作

老性善伯石

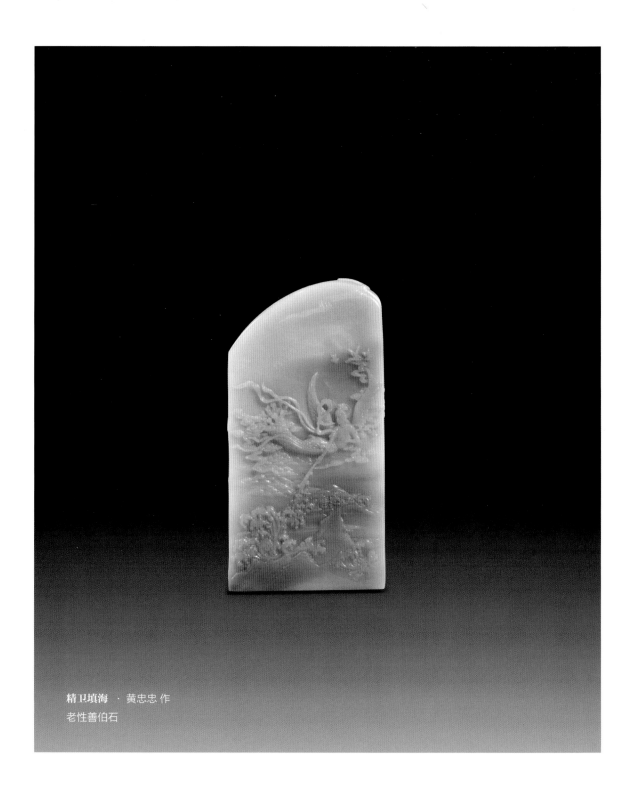

精卫填海 · 黄忠忠 作
老性善伯石

鼠·逸凡 作
新性善伯石

新性善伯石：

上世纪80年代后期出产的善伯洞石。其质较老性善伯石松，一般没有金砂地，且格纹较多，肌理常隐有白色浑点及色斑块。因其嗜油，故又称"油性善伯石"。

双猫·逸凡 作
新性善伯石

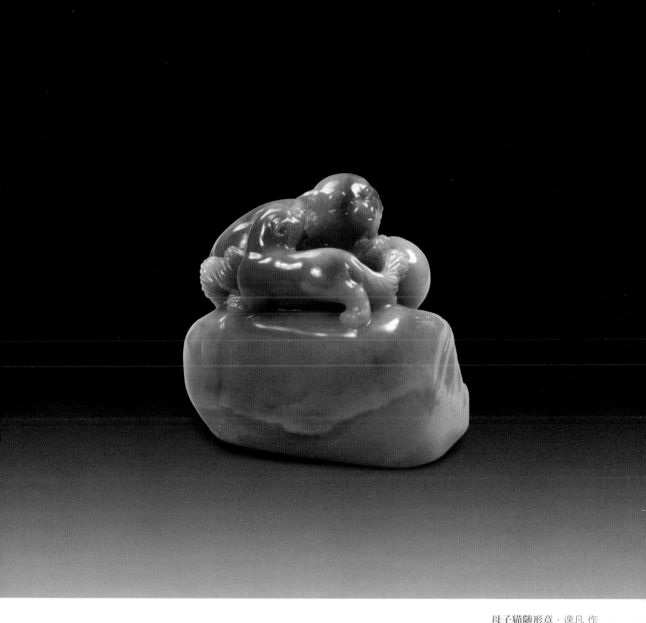

母子猫随形章 · 逸凡 作
善伯尾石

善伯尾石：

产于善伯洞与月尾洞两坡之间的山坳，所以称之"善伯尾石"，亦有称"月尾善石"。其石质与色泽界于善伯石与月尾石之间，石细嫩半透明，质稍绵软，比善伯洞石松。色泽以浅绿中泛微红者为多见，尚有黄、红、白、青、黑等色，微带绿意。

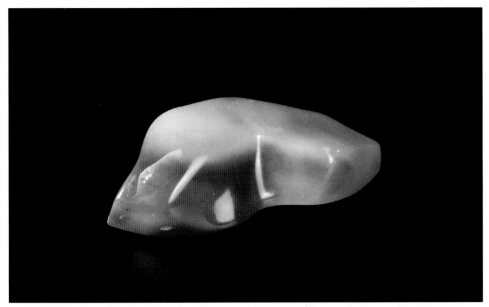

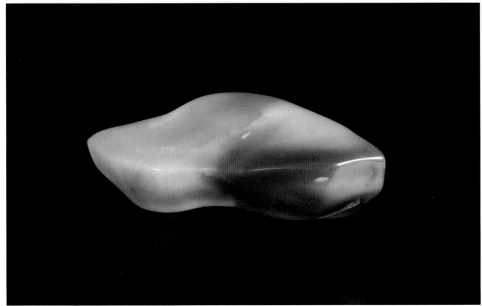

善伯晶原石

善伯晶石：

善伯洞石中质地通灵纯洁、带结晶性者。色多红、白、黄，肌理常含金砂，闪闪发光。外裹白皮者称"银裹金"善伯洞石，外裹黄皮者称"金裹银"善伯洞石。前者之佳品白皮晶莹洁净、厚度均匀、黄心、质润、色泽艳丽，为善伯洞石种中的上品。

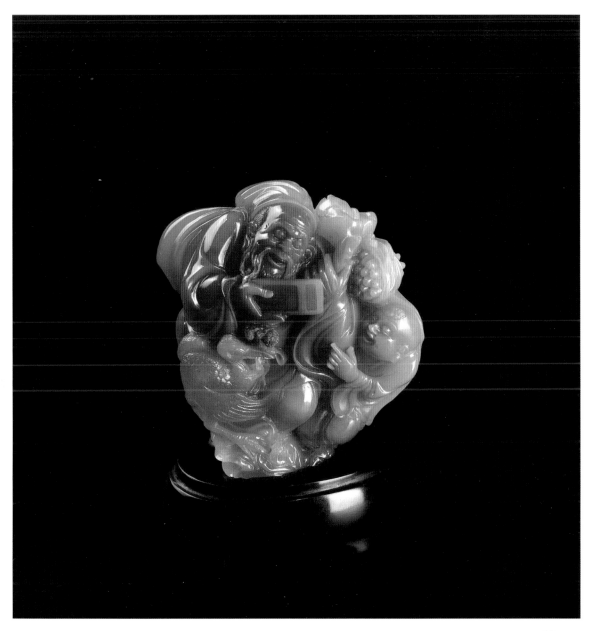

善伯晶石

善伯晶石素章

鸿福齐天·叶子作
善伯晶石

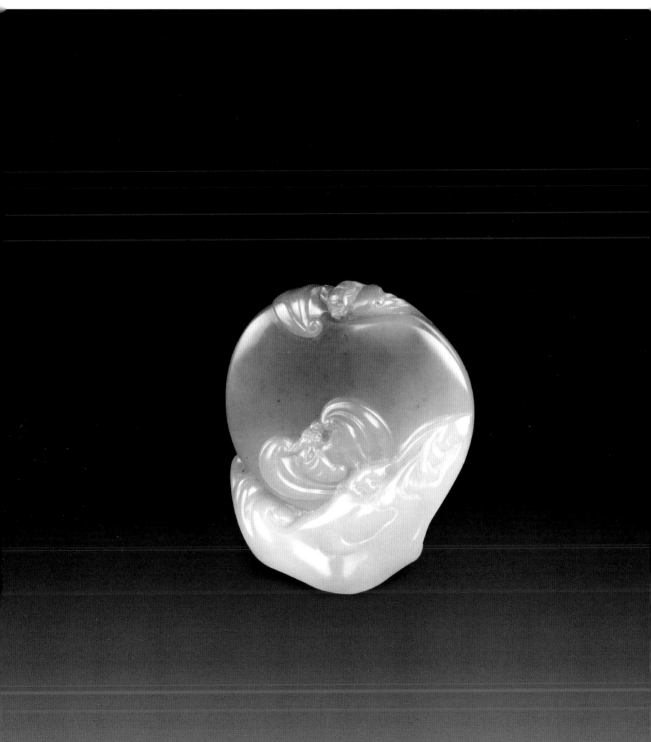

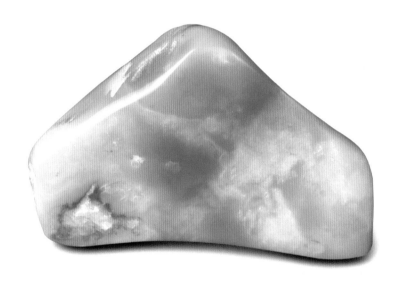

掘性善伯原石

掘性善伯石：

　　或夹在围岩中、或散落在矿洞附近的卵状矿脉所产的独石。其成因是次生矿型，长期埋藏于泥土层或砂砾泥沙层中，受雨水的滋润，质地比矿洞产的更显脂润。

掘性善伯原石

雪山雅聚 · 林大榕 作
掘性善伯石

脱蛋善伯石：

　　其色外绿内红或黄，外层石的透明度较强，往往能透出内层的蛋黄之色，所以石农称之"脱蛋善伯洞石"。这种石材块度不大，石质通灵、凝腻、色纯净，是善伯洞石家族中的佳品。

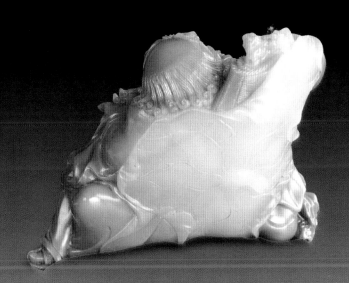

福在眼前 · 林元康 作
银裹金脱蛋善伯石

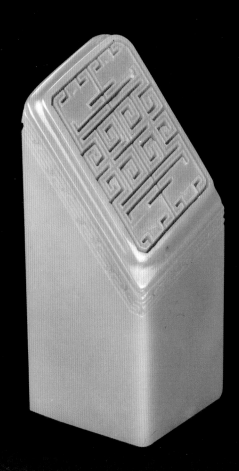

博古钮方章
脱蛋善伯石

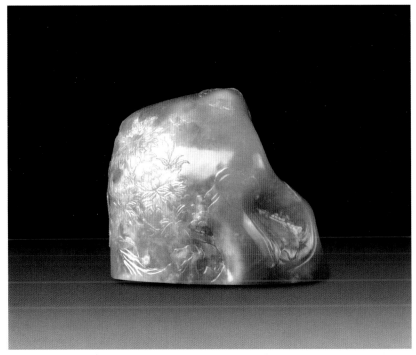

福在眼前 · 林荣基 作

脱蛋善伯石

金裹银脱蛋善伯石

脱蛋善伯石一般是银裹金，而此石是金裹银，很罕见。

第三节

善伯石的特征与鉴别

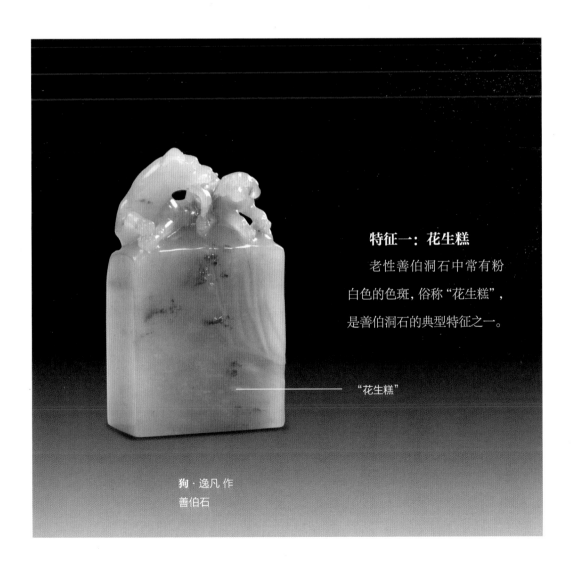

特征一：花生糕

老性善伯洞石中常有粉白色的色斑，俗称"花生糕"，是善伯洞石的典型特征之一。

"花生糕"

狗·逸凡 作
善伯石

花篮 · 唐建忠 作
善伯石

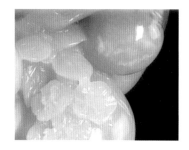

"善伯花生糕"——色多黄偏绿色

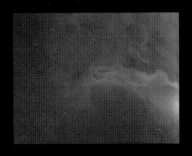

"月尾花生糕"——色多黄偏棕色

猴·逸凡 作
月尾紫石

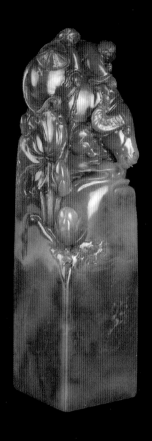

牧归图·刘丹明（石丹）作
金砂地善伯石

古兽章
金砂地月尾紫石

特征二：金砂点

　　善伯石与月尾石乃隐晶质结构，石中常见金属砂点，于光照下金光闪烁，惹人喜爱。善伯石的金砂细密而含蓄，月尾石的金砂则较粗而明显。

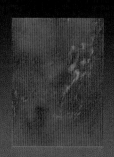

善伯金砂点　　　　月尾金砂点

善伯金砂点

瑞兽 · 郭功森 作

金砂地李红善伯石

鳌鱼·逸凡 作
巴林石

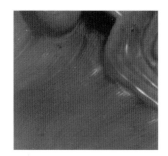

巴林石的花生糕边缘不清晰

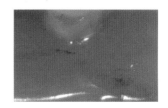

善伯石的花生糕边缘较清晰

巴林石与善伯石：

巴林石的原石闻之有股煤油味，这是因为它的产地靠近油田。有些巴林石乍看有点像善伯石，但其质地较善伯石松。巴林石也常常带有糕点，然其糕点的色泽与形状都与善伯石的不同。

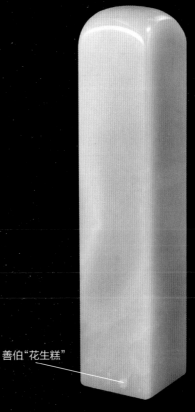

善伯"花生糕"

善伯洞石素章

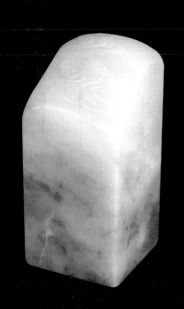

老挝石素章

老挝石与善伯石：

　　有的老挝石乍看有些像善伯洞石，亦有"花生糕"，然其质地较善伯石稍松。老挝石常常一石中有的部分像善伯石，有的部分像高山石或都成坑石。鉴别外省石的方法之一就是视其是否兼有多种寿山石的特征。

第四节

善伯石的保养

老性善伯洞石凝结脂润，
作品磨光上蜡后呈玻璃质光
泽，不必上油保养。

笑狮罗汉·林元康 作
老性善伯石

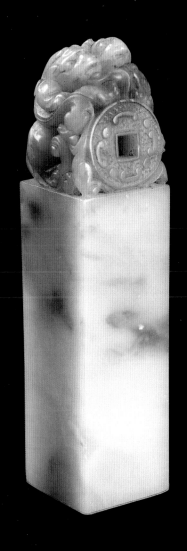

螭虎拱钱钮方章

新性善伯石

新性善伯洞石中的油性石性者以
及格纹多的月尾绿石，质地稍松，需
不时上油保养。

第五节

月尾石

月尾石又称牛尾石，出产于善伯山相连的月尾山的山麓之中。月尾峰不高，但树木茂盛、青翠葱笼。山下有一条小溪，叫月尾溪，溪流汇入寿山溪，两溪交汇处称之"双溪"，山青水秀、风景宜人。

月尾石质地细嫩稍松，但富有光泽，微透明或不透明，肌理常隐白色点，大多为紫、绿二色。色泽深浅变化不同。其品种有月尾绿、月尾紫和艾叶绿月尾石等。以色泽青翠通灵者为上品。有些月尾绿石刚开采出来时，明洁动人，历久则发现有裂纹，如果长期上油则会石色变暗。

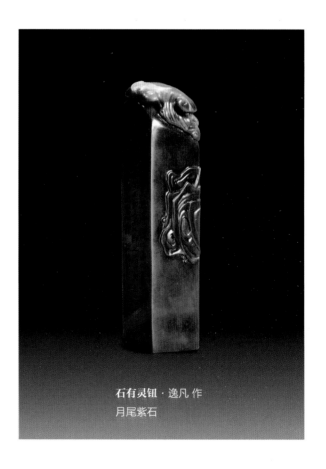

石有灵钮·逸凡 作
月尾紫石

牛气冲天·逸凡 作
月尾紫石

月尾紫石：

　　质地比月尾绿石稍坚，有红紫与褐紫二种，常有白色或绿色斑点，亦时有筋络或不纯色混杂，有的还含有细砂粒。月尾紫石以色浓如新鲜猪肝者为佳，纯洁者难求。紫色是富贵之色，有"紫气东来"之说，所以质地纯洁、色泽浓艳者历来备受珍爱。

朱雀章
月尾紫石

古兽章
月尾紫石

月尾石的白色多带有绿味。

翼马·逸凡 作
月尾紫石

古兽章·叶水铨 作
月尾石

艾叶绿月尾石：

南宋梁克家在《三山志》中记载"寿山石洁净如玉……五花石坑，红者、绀者、紫者、髹者，惟艾绿者难得。"明代谢在杭评寿山石以"艾绿"为第一，可见古人十分推崇艾叶绿石，甚至尊为寿山石之首，传世的艾叶绿石罕见，有人认为早已绝产。

艾叶绿石简称艾绿，质地明净凝腻，富有光泽，古人形容其色泽如老艾叶，绿中透出黄味，其绿色较淡者则别称为艾背绿。由于梁克家所指的"五花石坑"没有具体的位置，之后的有关寿山石的文字记载或各种石谱也没有"五花石坑"的记述，现代寿山石矿区中更无这个矿坑之名，所以古时的艾叶绿石究竟出产于哪里，无从查考。现在研究寿山石的专家对艾叶绿石的产地有不同看法，有人认为是月尾矿洞出产的，有人认为出产于黄巢矿脉。

认为艾叶绿石出产于月尾矿洞者，对梁克家的"五花山坑"的理解是泛指出产五颜六色的寿山石矿坑，并非指某个特定的矿洞，而对"相距十里"的理解是指寿山石矿区的范围，并且认为寿山石中月尾石的绿色最富特点，至今仍有色如艾叶者。

认为艾叶绿石出产于黄巢矿脉的理由是，这个矿区相距寿山村十数里，历史上出产了不少党洋绿、鸭雄绿等上乘绿色冻石，细腻洁润，透明度强。因为村民认为黄巢山是党洋村的"风水之山"，不能破坏，禁止开采，所以清朝以后这个矿洞绝产，以至此后很难见到所传之艾叶绿石。

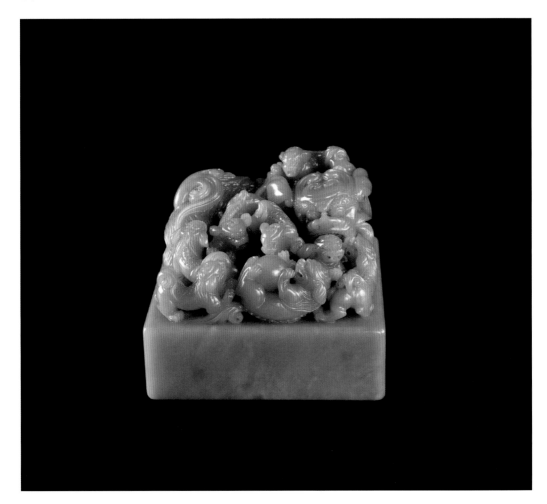

古兽大方印
月尾艾叶绿石

　　笔者认为，古时寿山石的品种出的不多，清朝之前尚未分类，文人雅士多以色泽来区分品种。由于交通不便，当时文人很难上寿山矿区考察，对矿洞的具体位置多以石农所说为据，所以对于"五花石坑"在哪里已没有考证的必要。艾叶绿石在明代时期能称第一，可见其质地与色泽必属上乘。如果就月尾石总的品质而言，与其它寿山石相比，品质只能居于中等。除非那时月尾洞曾出产过特别的好石，否则要称第一的可能性很小。历史上黄巢矿脉确系出产了不少上乘的党洋石，而色如老艾叶之石无实物传世。所以，认为艾叶绿出产于月尾山或黄巢山者都未有足证说服对方，双方只能存疑。现在人们将月尾绿中色泽如艾叶者称为"艾叶绿"，为了与古时的"艾绿"有别，应称之为"艾叶绿月尾石"为妥。

古兽章
艾叶绿月尾石

貔貅·刘丹明（石丹）作
艾叶绿月尾石

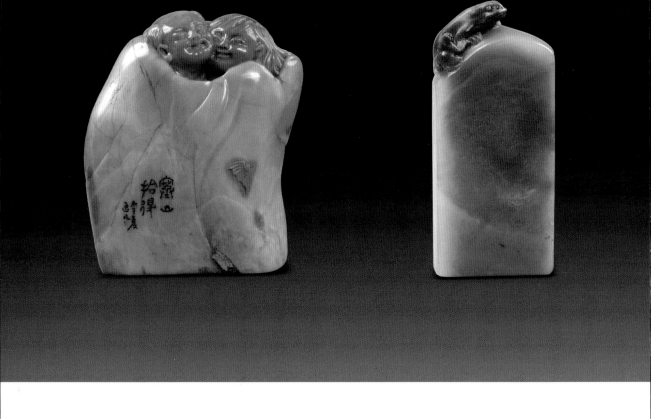

寒山拾得 · 逸凡 作
月尾独石

蛙声十里 · 逸凡 作
月尾独石

第六节

善伯山临近山脉出产的石种

善伯旗石

1995 年寿山石农王必常、黄连根合股在奇降山与善伯山交界处开采挖洞，出产了一种新的寿山石品种。其石质微坚，少格纹，偶有金砂点，有些石中还有连片的砂丁，有红、黄、白、黑、紫等色，有的色纯，有的多色交错，色泽与纹理美丽。由于这批石材既有善伯洞石之细润，又有奇降石的坚韧，而且出产于善伯山与旗降仔山之间，所以取名为善伯旗石。善伯旗石矿藏量小，所以市面上较少见。

开采善伯旗矿洞有时会遇到一些蛋形的独石，外白内黄，经过浸油后，外层的白色更显透明，透出内心的黄色，属于油性善伯旗独石。

虎溪三啸·林元康 作
善伯旗石

虎岗原石

虎岗石

虎岗石出产于寿山村中洋东南面的虎岗山，以山取名。上世纪的30年代至70年代，虎岗山陆续都有出石，质地稍脆而微坚，石性多不透明，在淡黄而带有绿味的肌理中交杂着深浅不同的杏黄色斑纹，并间有赭色筋格或深红的色斑。虎岗石中有一些纹理看起来很美丽，如同虎皮一般的斑纹，其实是硬质的绵砂，如果设计巧妙，雕刻成威猛的老虎，可谓巧取天然。

近年，虎岗矿脉偶有出石，质地与旧虎岗石稍有不同，质细而微坚，微透明，石性近老岭石，在黄色或灰红色的肌理中间有红黄的色斑，石农称之新性虎岗石。

双狮戏球 · 阮文钊 作
虎岗石

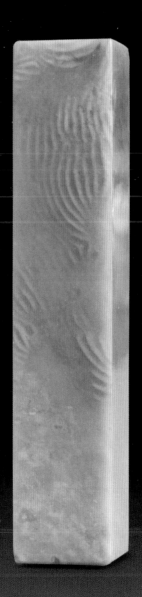

六方平章
花虎岗石

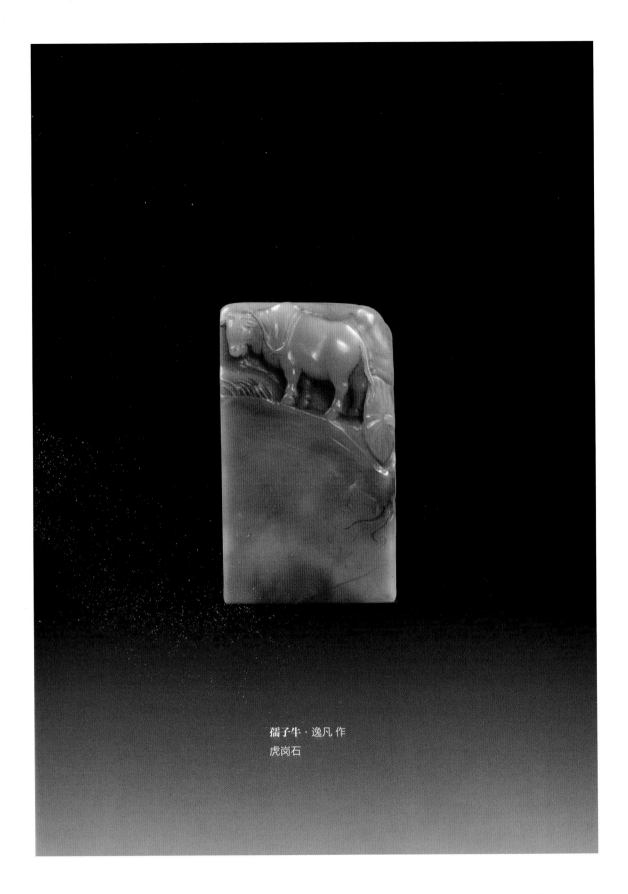

孺子牛 · 逸凡 作
虎岗石

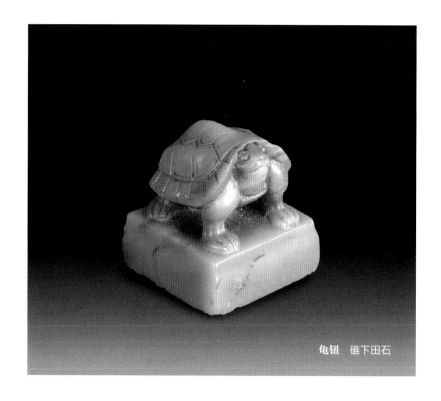

龟钮　碓下田石

碓下黄石

　　碓下黄石，又名带夏黄石、岱下黄石，出产于虎岗山麓，位于鹿目格石产地北坡下方，因产地与碓下相近而得名。该矿洞在清代后期已经开发，并用于制印，石性略粗。到了民国初年，始见文献记载，产量颇丰。1917年梁津《福建矿务志略》称："岱下黄，黄褐色，微透明或不透明，矿物存在于岩石中或成脉状。"碓下黄石，如其名，石皆为黄色，有深浅之分，淡者如蜂蜜，浓者如糖粿，质近似连江黄而稍胜，石不透明，常有细而密的裂痕，油浸则泯，肌理多有淡黄或白色泡点，俗称"虱子卵"。碓下黄石有洞产与掘性两种。掘性碓下黄石石性近高山石，有黄色石皮，质较洞产者稍优，也有"虱子卵"，有些石具有稍直的纹理。因为部分掘性碓下黄石挖掘于碓下坂田中，所以有人称之为"碓下田石"，其实质地与田黄相差甚远，且无萝卜丝纹——何足称田黄，不可并论也！

　　虎岗石与碓下黄石作品经磨光后，光泽度好，宜加热上蜡保养，不需要上油。

金狮峰石

金狮峰石

寿山村东面的金狮公山与善伯山相近，金狮矿脉出产金狮峰石、金狮公牛蛋石、房栊岩石和掘性房栊岩石等。

金狮公石，石性坚，质粗硬且含砂，有红、黄、灰等色，多各色相间。金狮公山状似金狮，村民相信"风水"，不敢在金狮的头开洞。近年在金狮的尾部露天采掘出块状的独石，与鹿目格石相似。在金狮公山的山坳之中零星埋藏有黑皮花心、红黄相间的独石，内心石色多不纯，类似牛蛋石，故取名"金狮公牛蛋石"。石质较粗糙而多砂，由于没有经过溪流的冲刷滚动，所以石多棱角。

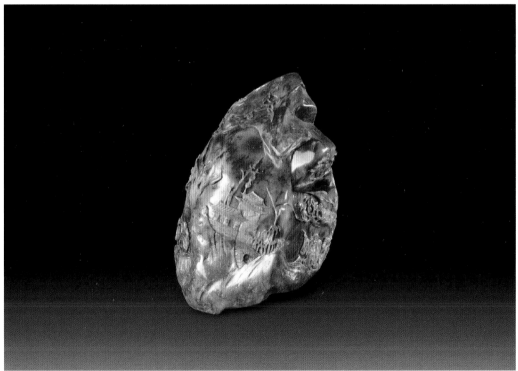

香山九老·林引 作

金狮峰石

黑色石皮下裹着红、黄色的石心，是典型的金狮峰石。

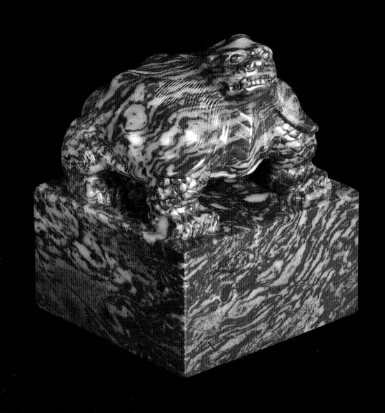

古兽章

金狮峰石

此石红白相间，呈花白色，在金狮峰石中很少见。

达摩·林元珠 作
柳坪石

柳坪石

　　柳坪石又名柳寒石。1925 年，寿山石农王盛铨，在寿山村的东北面约 4 公里处的柳坪山的黄洞岗山头挖出一块黄色大石，重达几百公斤。寿山村民以为在柳坪山获得，于是纷纷到柳坪挖洞。他们挖出的石材虽大，但大都质粗，由于只有质优者才能选作雕刻用石，质差者只能作为工业用耐火材料，因此停开了一段时间。到了 20 世纪 50 年代至 70 年代，柳坪石又重新开采，产量很大，这一时期寿山石雕工厂创作大型作品、生产外贸订单的规格产品与石章多以柳坪石为原料。当地亦有人以此石作砚，对外谓之虎口石。

　　柳坪石多不透明，有青紫、红紫、淡黄、灰白等色，以紫色量最大。往往各色交错，有许多紫色或白色的色斑相杂，而且这些色斑的硬度较松，雕刻时常会"陷刀"，这是柳坪石与众石的不同之处。按色泽和质地的不同可分为柳坪紫、白柳坪、花柳坪和柳坪晶等品种。

猛虎 · 周宝庭 作
柳坪石

柳坪紫石：

紫色的柳坪石，色泽如鲜猪肝，纯洁浓艳者难得。

白柳坪石：

灰白或白中带有黄味的柳坪石，间有同类色的色斑。

花柳坪石：

在淡黄的质地上有许多红、紫、蓝和橙色的小斑点，有如花豹的皮斑，甚为美丽。

柳坪晶石：

柳坪石中之结晶体，块度较小，具有透明度，多呈灰白色，带有黄意或蓝意，色纯通灵者难得。

在寿山石品种中，柳坪石是十分普通的石材，只是在上世纪 70 年代后一直没有再出产，现在倒也成了寿山石爱好者寻求的品种之一。

柳坪石作品磨光后可上蜡保养，不必上油。